GUIA PARA AHORRAR DINERO Y ENERGIA

Haciendo Retrofits de Iluminación en Edificios

Ing. José Alfredo Méndez R.

Copyright ©

Agradecimientos

Este libro es el producto del esfuerzo de varios años de trabajo. Surge, como todo, de una idea que se transformo en preguntas, en relación a la poca información de guía que existe, para realizar retrofits en iluminación. Un concepto, por demás, que tiene varios años, pero que pocas empresas lo aplican con una metodología eficiente.

Quisiera agradecer a mi esposa, por su apoyo y ayuda en este proyecto. Sin tu ayuda hubiese sido imposible, terminar este trabajo a tiempo. También, a mi cuñada Mónica, por leer el manuscrito y dar su sincera opinión sobre los temas de estilo y ortografía. A mis familiares y amigos por sus palabras de aliento y por último y no menos importante, a usted, que se ha tomado el tiempo en revisar esta guía, con la finalidad de ponerla en práctica, para su éxito en este tipo de proyectos.

Dedicatoria

A mi esposa, mi hija y a mi familia.

Introducción

Si está leyendo este libro, está interesado en dejar de perder dinero, hacer dinero o ahorrar energía. En cualquiera de estos casos, si deja de malgastar la energía que usa, va a dejar de perder dinero y ese es el objetivo principal de este libro. Los retrofits en la iluminación de su comercio o edificio, son una manera sencilla y práctica, para lograr su objetivo de ahorro y yo he estado ayudando a empresas a realizar estos cambios durante los últimos 15 años. Vamos a explicarle en cuatro fáciles pasos, como identificar, seleccionar, presentar y vender su propuesta de ahorro de energía, a su cliente o jefe. Esta es una excelente manera de beneficiarse de la revolución verde que está sucediendo en estos momentos.

Un retrofit no es más que el cambio o mejora que se realiza a una luminaria, para actualizarla y sacar mayor iluminación en el plano de trabajo con un menor consumo de energía eléctrica. El objetivo del mismo es brindar una mejor iluminación, ayudando a mantener o aumentar los niveles de iluminación de las áreas del edificio donde se realizan dichos cambios. El retrofit debe lograr un ahorro de energía, que obtenga un retorno simple de la inversión, en el tiempo más corto posible.

Este libro ha sido escrito para personas con poco conocimiento técnico, al igual que al técnico profesional. Fue escrito para que usted pueda presentar e implementar una excelente solución por su propia cuenta (como administrador o ingeniero de energía) o a su cliente. Una solución que posea el retorno simple de la inversión, más rápido posible. Lo referiremos a opciones de calidad donde podrá adquirir estos Retrofits directamente o a través de sus canales de distribución. Recuerde que los precios pueden variar de acuerdo al mercado, pero le daremos las mejores indicaciones, para que pueda obtener los mejores resultados vendiéndole la solución a su prospecto, empleador o dueño del edificio donde se realizará el retrofit.

El objetivo principal de este libro es el de crear un ingreso adicional, por la implementación o venta de la solución de ahorro de energía. Esto será muy beneficioso para usted y su negocio, porque impactará substancialmente en la reducción de sus costos de energía y el impacto de esa reducción en el medio ambiente. Le mostraremos como promover estas soluciones verdes, para el beneficio de su empresa, en los aspectos de responsabilidad social y medioambiental. Esto es un beneficio adicional, ya que las soluciones verdes se están haciendo más populares en las mentes de sus clientes y usuarios de sus productos o servicios.

Quisiéramos hacerles saber que esta, es una guía de soluciones probada con resultados exitosos en el mercado actual y que son mercadeables para edificaciones comerciales y de oficinas. No pretende ser la única manera de realizar este tipo de cambios o Retrofits.

Así que vamos a empezar con esta experiencia, la cual le brindará ahorros y le ayudará a dejar de malgastar su energía, para así obtener ingresos adicionales para usted y su empresa.

Paso#1 La auditoria de iluminación

La auditoría de iluminación es el paso más importante de este proceso. Aquí usted identifica el mejor retrofit, para cada luminaria de la localidad o edificio que se está inspeccionando. Hay dos tipos de auditorías que se pueden realizar en un edificio: La auditoria de "caminata" o "walkthrought" como se dice en inglés y una auditoría más detallada o general. En este libro haremos lo que yo llamaría una "auditoria caminata modificada". Esta auditoría te dará la información suficiente sobre el edificio en cuestión, para así mejorarlo a uno de mayor eficiencia energética. Este paso es mejor realizarlo con el administrador del edificio, gerente o asistente de mantenimiento, para así hacerle las preguntas más importantes, para determinar la mejor y más apropiada solución de ahorro de energía para cada edificio[1]. Recomendamos obtener toda la información que necesite,

---

[1] Ver apendice#1

para no tener que contactar al cliente o prospecto nuevamente para información adicional. Recuerde que desea brindar el servicio más profesional posible, y no quiere hacerle perder el tiempo a su cliente con preguntas que pudo haberle hecho durante la visita de auditoría. Adicional a esto intenta tener a mano todas las herramientas que va a utilizar durante la auditoría, no debe pedirle a su cliente equipos o herramientas que debió haber llevado usted. Vamos a detallar estas herramientas a continuación.

¿Cuáles son las herramientas que necesitas para una auditoría?

Para realizar una auditoría de iluminación, debe estar preparado con todas las herramientas que necesita. Estas le ayudarán a recolectar la mayor cantidad de información del edificio al que le va a proponer la solución de ahorro de energía. Para poder realizar una buena "auditoría caminata modificada", va a necesitar: Una libreta, una cámara, un medidor de intensidad de luz (medidor de iluminación) y una grabadora. A continuación veremos cada herramienta y su uso durante la auditoría, para así obtener la mayor cantidad de información posible con las mismas.

La Libreta

Puede utilizar tanto el formulario que está en el apéndice de este libro[2], o una libreta. Si utiliza el formulario, necesitará copias suficientes para la auditoría

---

[2] Ver apéndice#3

(esto dependerá de que tan grande o pequeño sea el edificio o facilidad a auditar). Nosotros recomendamos que por lo menos lleve cinco copias de esta página y si utiliza menos que estas, puede guardarlas en su archivo de proyectos, para uso en futuras auditorías. Habiendo dicho esto, puede utilizar su libreta y organizar cada página por columnas, como el formulario provisto. Básicamente necesitará saber lo siguiente, cuantas luminarias hay en el edificio, el tipo y descripción completa de las luminarias (si es posible trata de conseguir la marca y el número de catálogo de la luminaria o su referencia), una descripción clara de la luminaria (vatiaje, voltaje y aplicación) y una columna reservada para comentarios, donde pueda escribir todas las observaciones como: nivel de iluminación actual, cuantos circuitos de iluminación, el tipo de control de iluminación (si existe alguno) y cualquier otro detalle que le ayude a entender mejor cómo funciona la iluminación de cada área de las que estás auditando en el edificio en cuestión. Adicionalmente mida cada área que está auditando, esto le ayudará a realizar cálculos simples y en caso de que el nivel de iluminación sea menor de lo recomendado por IESNA[3], necesitará recomendarle a su prospecto un incremento en la cantidad de luminarias en esa área.

Esta libreta también le ayudará en la entrevista que le realizará a su prospecto, sobre su factura eléctrica. Hacerles preguntas sobre cuánto dinero paga por su energía (kWh) y su demanda máxima (Kw) (si aplica). Esta información será de ayuda cuando estés calculando el retorno de la inversión (RDI), en su propuesta. Si le pueden facilitar una copia de la factura eléctrica, esto puede ser de bastante ayuda. Adicional a esto necesitará tomar nota de su horario de labores o si tienen algún horario de encendido y apagado de sus luces. Con esta información puede calcular la cantidad de tiempo que duran encendidas sus luminarias cada día. Investigue si sus

---

[3] Iluminating Engineering Society of North America por sus siglas en ingles, ver tabla#1 en el Apendice#2 con los niveles recomendados por área.

luces se mantienen encendidas más del tiempo que ellos le indiquen o piensan. Esto lo puede hacer, visitando la facilidad o edificio en horarios no laborables, observando desde el exterior si las luces están encendidas o no. También puede intentarlo colocando un acumulador de datos[4] que le ayudará a determinar exactamente cuántas horas están encendidas las luces en un área específica. Esto es en caso de que su prospecto no esté muy al tanto de estos detalles. La información recabada, le ayudará a tener una ventaja en su RDI y puede mostrarle como pueden ahorrar más.

La Cámara

Esta herramienta le ayudará a tener una perspectiva visual de la facilidad a la cual le realiza la auditoria. Algunas personas son más visuales que otras y si no tiene mucha experiencia en los tipos de luminarias que esta auditando,

---

[4] Ver Apendice#4

una fotografía puede ayudarle en la búsqueda de la mejor solución de ahorro de energía a sugerir.

Debes de tomar fotos a las áreas en que va a realizar las mejoras. Las fotografías que tome le ayudaran a presentar el antes y el después del retrofit, esto le facilitará mercadear sus servicios. Tome fotos de cada luminaria a la que le va a realizar un retrofit; aunque tenga experiencia, esto le favorecerá bastante en caso de que no pueda obtener la información de su prospecto. Puede investigar distintas marcas de luminarias por internet, para así reconocerlas mejor.

Las fotos que tome pueden impactar su presentación, cuando esté explicando los beneficios de mejorar su iluminación y para que ellos observen en qué condiciones se encuentran las luminarias que tienen instaladas. Aunque el departamento de mantenimiento ve estas luminarias a diario, algunas personas en las posiciones administrativas no tienen el tiempo de observar detenidamente las mismas. Recuerde que está tratando de convencer el departamento financiero y a la administración de que implementen su propuesta, ellos no son técnicos y necesitan la ayuda visual, así puede establecer su punto lo más rápido posible.

Para realizar este trabajo, puede utilizar una cámara sencilla. No necesita fotos de alta resolución, para que su punto sea entendido. A menos que desee que sus fotos sean de alta calidad, entonces necesitará tener una cámara que tome fotos de altos niveles de pixeles. Para esta auditoría, solo necesitará tener una foto con buena claridad donde se observe bien la luminaria o área a que le tomó la foto. Algunos celulares pueden tomar fotos bastante buenas, lo que será más que suficiente para su auditoria, pero si este no es su caso, utilice una cámara sencilla y estará bien.

En algunas empresas no permiten tomar fotos en ciertas áreas o en general. Si este es el caso, trate de llevar algún catalogo de algún fabricante de luminarias, donde pueda marcar las luminarias por parecido y por área, para que tenga una idea del tipo, descripción, etc. Esto es como una guía, mientras más visitas realicen, mas se va a familiarizar con los diferentes tipos de luminarias que existen.

El Luxómetro[5]

Este instrumento le ayudará a medir la cantidad de luz que existe en un área. Puede obtener esta medida tanto en pies-candela (fc)[6] o en lux[7]. Los pies-candela (fc), son una medida mayormente utilizada en los Estados Unidos de Norte América y los lux se utilizan más en mercados internacionales como un estándar de diseño de iluminación. La medición de los niveles de luz en cada área, le ayudará determinar si necesitaran más ó menos

---

[5] Ver apendice#5

[6] Si los cálculos del área (dimensiones) son asumidos en el sistema inglés (pies).

[7] Si los cálculos del área (dimensiones) son asumidos en el sistema métrico (metros).

luminarias por área, de acuerdo con los estándares de IESNA de niveles adecuados de iluminación por área y/o uso de la iluminación artificial.

En el apéndice de este libro recomendamos un luxómetro con las características que necesita para que pueda obtener una lectura precisa y tener la data exacta para su reporte o propuesta. Es fácil de usar y de interpretar la información que le brinda.

La grabadora[8]

Puede utilizar esta herramienta durante la auditoria. Grabar esta conversación le ayudara a refrescar su memoria de los detalles que encontró importante y dignos de anotar durante la auditoria. Utilice una grabadora de MP3 o una de cinta. Existen muchas opciones, trate de escoger una donde la memoria sea intercambiable, para que así pueda tomarla e insertarla en su computadora.

---

[8] Ver apéndice#6

Estas grabaciones deben de estar almacenadas en su folder del proyecto, así podrá repasarla y agregar cualquier detalle que sea importante y que deba ser incluida en su propuesta o en la presentación al cliente.

¿Cómo realizar la auditoria?

Cuando tenga todas las herramientas que necesita para realizar su auditoria, proceda avisándole a su prospecto que le provea de una persona que le acompañe durante la auditoria. Esta persona debe de tener conocimiento de la facilidad a auditar.

Cuando tenga eso resuelto debe seguir los siguientes pasos:

1. Pida un plano con vista en planta de la facilidad, para así identificar cada área del edificio. Lo puede utilizar para dibujar el arreglo de las luminarias en el edificio. Si no tienen uno disponible continúe al paso 2.

2. Revise cada área de la facilidad a ser auditada. Tome nota del o los tipos de luminarias, así como la cantidad, y su descripción completa. Adicional a esto anote el color de luz utilizado en grados Kelvin. En oficinas usualmente se utilizan colores entre 3500°K (warm White) o 4100°K (cool White)[9].

3. Cuando tenga esta información, tome su luxómetro y mida los niveles de iluminación por área en fc (pies) o lux (m). Tome por lo menos dos o tres medidas en diferentes partes del área a cubrir, esto es para calcular el promedio del nivel de iluminación en toda el área. Siempre tome las medidas a nivel del plano de trabajo (usualmente 2.5 pies por encima del piso).

4. Luego que tengas la información de los niveles de iluminación, tome una foto de la luminaria o las luminarias en el área auditada. Si las luminarias son

[9]En algunos países puedes encontrar colores como 6500°K (Daylight), este color no es recomendado para uso en oficinas o en aéreas de trabajo.

similares en todas las áreas del edificio, solo lo tendrá que tomar una sola vez. También puedes tomarle fotos a luminarias que estén dañadas o en malas condiciones, así podrá avisarle a su prospecto que debe de sustituirlas.

5. Debe de tomar nota de las condiciones en que se encuentran las luminarias en general en cada área y dependiendo de esto, avísele a su prospecto si tiene que sustituirla o no.

6. Si tiene que hacer alguna pregunta concerniente a un área en específico, utilice la grabadora. Si no, anótela para hacerla durante la entrevista de su prospecto.

7. Cuando termine de dar estos pasos, repítalos para cada área del edificio hasta que lo haya recorrido completamente.

Al principio su auditoria será un poco lenta, pero con la práctica, se volverá parte de su segunda naturaleza.

La entrevista[10]

Puede realizarse antes, durante o después del recorrido. Recomiendo hacer una entrevista a la o las personas responsables de saber cómo opera la facilidad o edificio en cuestión. Debe hacer todas las preguntas pertinentes de cómo opera el edificio. Le sugiero hacer las siguientes preguntas para su entrevista:

1. ¿Qué tipo de facilidad están operando? Edificio de Oficinas, Almacén, etc.

2. ¿Cual es su horario de trabajo o laborable? O ¿Tienen algún horario de encendido y apagado de las luces?

3. ¿Quien es el Gerente Financiero? La persona que tiene que ver con el pago de la factura eléctrica. Él o Ella debe de estar al tanto del proyecto a ser realizado. Así que incluya una copia de su presentación, para esta persona y trate de

---

[10] Ver también el Apendice #1

contactarla para explicarle los beneficios de la solución y en qué consiste.

4. ¿Nos podría proveer con una copia de por lo menos las últimas tres facturas eléctricas de su edificio? Estas son importantes, por que las facturas contienen información sobre cuanto están pagando por la electricidad que consumen y la cantidad de dinero que son facturados mensualmente por la distribuidora de electricidad. Si no puedes obtener esto, pregúntele lo siguiente:

5. ¿Cuánto le está cobrando la distribuidora de electricidad por la energía consumida en (kWh)?

6. ¿Cuánto le están cobrando por la demanda máxima? (Si aplica)

Con estas preguntas puede obtener una idea de cómo funciona el edificio al cual está auditando. Estas respuestas le van a ayudar en los cálculos que realizará

cuando esté preparando la propuesta a su prospecto.

Paso #2 Escogiendo la mejor tecnología para el retrofit

Una vez tiene toda la información que necesita de su auditoria, proceda a seleccionar la mejor tecnología que le convenga a su prospecto. La tecnología debe de ser la de mejor costo efectivo y eficiente, para que el retorno simple de inversión (RSI) sea el más corto posible. Para este paso vamos a igualar la tecnología más óptima que mejore la iluminación de su prospecto. También le mostraremos como usted puede determinar cuándo se necesita más luminarias o iluminación. Otra cosa que le ayudaremos a determinar, es cuando necesiten una mejor solución para sus necesidades de iluminación, a partir de la información obtenida en la auditoria hecha por usted.

Primero le ayudaremos a aprender sobre qué tipo de luminarias que se encontrará durante la auditoria y luego el cambio más apropiado para la misma. Esto le ayudara a sentirse cómodo, antes de ir a recomendar una solución.

Así que ¡A Prepararse!, para un curso intensivo en luminarias y sus diferentes aplicaciones en oficinas.

Iluminación Interior

En esta sección trataremos las luminarias más comunes con las que se encontrara en el interior de un edificio comercial de oficinas. Siendo este libro hecho también para mercados internacionales, encontrará luminarias que no estarán disponibles en su país o región, pero aun así son importantes de conocer. Si alguna oportunidad surge fuera del país en que se encuentre, tendrá una referencia de estas luminarias aquí.

Luminarias de plafón con difusores acrílicos[11]

Una luminaria de plafón con difusor acrílico típica seria de 2'x4' o 2'x2' con las configuraciones siguientes:

1. - Luminaria 2'x4' de plafón con difusor acrílico 4 x 40W tubos[12] T12. Esta luminaria es encontrada en

---

[11] Ver Apéndice #7

[12] Ver Apéndice #14

mercados con poca regulación o en edificios de 10 años[13] o más y aun no se le han hecho Retrofits o mejoras. Poseen balastros magnéticos que han sido prohibidos por el Epact 2005 en EEUU. Encontrará este tipo de luminarias en la mayoría de los países de Latinoamérica, Centroamérica y el Caribe. Utilizan dos balastros magnéticos por luminaria que consumen 96W cada uno; esto nos da un total de 192W por luminaria.

2. - Luminaria 2'x4' para plafón con difusor acrílico de 4 x 32W tubos T8. Esta es utilizada como estándar en la mayoría de edificios de oficinas. Dependiendo de la marca, pueden consumir hasta 112W en total por luminaria y también podrían venir con uno o dos balastros electrónicos. Esta luminaria es mucho más eficiente que la anterior, pero aun así

---

[13] Estudios han revelado que el 75% de los edificios existentes en EEUU y América tienen 10 años o más.

se le puede hacer un retrofit a una de mayor eficiencia y ahorro de energía.

3. - Luminaria 2'x4' para plafón con difusor acrílico de 3 x 32W tubos T8. Puede encontrar esta luminaria en muchos edificios de oficina, construidos más recientemente y es una luminaria eficiente. Esto se debe a que en un cálculo de iluminación hecho con luminarias de 4 o 3 tubos, la diferencia en iluminación es casi imperceptible, así que normalmente se recomienda utilizar una luminaria de 3 tubos desde el diseño. Esta luminaria puede consumir aproximadamente 90W dependiendo del fabricante. Aun así puedes hacerle un retrofit, para ahorrar aun mas energía de esta luminaria y hacerla aun más eficiente.

4. - Luminaria de plafón de 2'x2' con difusor acrílico de 2 x 40W tubos T12 tipo U. Estas luminarias serian encontradas raras veces en un edificio nuevo

de EEUU, todo dependerá nuevamente de que tan viejo sea el edificio. Son más comunes en los mercados de Latinoamérica, Centroamérica y el Caribe. También utiliza un balastro magnético que consume 96W.

5. - Luminaria de plafón 2'x2' con difusor acrílico de 2 x 32W con tubos T8 tipo U. Estas también son comúnmente utilizadas en edificios para oficinas. Su consumo de energía es de 60W en la mayoría de los casos, pero va a depender del fabricante de la luminaria.

Luminarias de plafón con difusor parabólico[14]

Todas las configuraciones de más arriba pueden venir con un difusor parabólico. Esta luminaria es más eficiente que la luminaria con difusor acrílico, ya que permite que la luz que sale del cajetín, salga en forma

---

[14] Ver Apéndice 7

parabólica y cubre una mayor área del plano de trabajo, con menos resplandor[15]. Este tipo de luminarias son más populares entre los arquitectos, ya que dan un acabado más estético que las luminarias típicas con difusor acrílico. Son más costosas. Estas luminarias serán encontradas por igual en edificios de oficinas.

Ojos de Buey[16]

Existen cuatro tipos de luminarias ojo de buey, Compacto Fluorescentes (CFL), Incandescentes, Halógenos y de Alta Intensidad de Descarga (HID). En este libro explicaremos como realizar un retrofit al tipo incandescente y al halógeno. Esto debido a que son los más comunes y utilizados en nuestros mercados, y también porque existen aplicaciones de HID que aun no se pueden realizar un

---

[15] En iluminación el resplandor es un efecto adverso de la iluminación artificial. Este se debe de evitar al máximo, ya que causa molestias al personal que habita con esta luz. Ver el glosario.

[16] Ver Apéndice 8

retrofit que no afecte la salida de luz o el objetivo de iluminación del diseñador.

Retrofits en Iluminación Interior

Ahora que sabemos el tipo de luminarias que esta presente en el edificio de oficinas al cual le está haciendo la propuesta del retrofit, aquí se encuentran las opciones disponibles para este objetivo:

- Para 2'x4' o 2'x2' con difusor acrílico o parabólico de 3 o 4 tubos de 40W T12 o 2 tubos de 40W tipo "U" T12, se recomienda realizar el siguiente retrofit:

  a. Primero reemplace los dos balastros magnéticos de 2x40W T12, por uno electrónico de 2x32W[17] (2x17W)[18] T8 con voltaje universal (120-277VAC), bajo porcentaje de armónicos (menos de 10%

---

[17] Ver Apéndice 9

[18] Casi todos los balastros electrónicos de 2x32W, también pueden ser utilizados para trabajar con tubos de 2x17W T8. Este es el estándar de la industria, 2x17W se utiliza en luminarias de 2'x2'.

THD), alto factor de potencia (al menos 0.95)

y de arranque instantáneo.

b. Segundo, agregue un kit de retrofit para luminaria de 2x4[19] o 2x2. Las medidas deben de ser estándar, pero es siempre sabio, revisar dos veces las medidas de la luminaria a la cual se le está realizando el retrofit antes de seleccionar el kit con la plancha reflectiva. Nosotros recomendamos un reflector que este fabricado con aluminio especular con una reflectividad de un 85% a un 95%. También debe de utilizar un aluminio anodizado, este proceso hace que el reflector repela las partículas de polvo del ambiente, las cuales pueden reducir la reflectividad en la plancha de aluminio. Lo anterior puede causar una reducción en los niveles de iluminación de la luminaria.

[19] Ver Apéndice #10

c. Y tercero, utiliza tubos de 32W T8 (17W T8)[20]
, que tengan de 75 a 85 en su índice de asignación de Color (CRI por sus siglas en inglés) o de 85 a 95 CRI, esto mejorara la calidad visual de los objetos debajo de esa luz artificial (en términos más simples, usted podrá ver mucho mejor). Adicional a esto utilice un color de luz de 4100°K (Cool White) o 3500°K (Warm White). Estos son los colores de luz estándar recomendados para aplicaciones de interior en oficinas.

Los cambios propuestos aquí mejoraran la calidad y la cantidad de luz en el plano de trabajo y reducirá en un 67%[21] aproximadamente el consumo de energía que se utiliza para operar su luminaria.

- Para luminarias de plafón de 2x4 y 2x2 con difusor acrílico o parabólico de 3, 4 tubos de 32W T8 o 2

---

[20] Los tubos de 17W T8 deben de ser utilizados en los retrofits para luminarias de 2x2.

[21] Según BUM Energy Star ver lecturas recomendadas

tubos de 32W tipo "U" T8, deben de hacer el retrofit

a lo siguiente:

a. Básicamente usted puede utilizar el mismo tipo de kit de retrofit para este tipo de luminarias. El beneficio es que, en algunos fabricantes de balastros, puede utilizar el mismo de 3 y 4 tubos, para encender 2 tubos. Esto le ahorrara a su cliente o empleador el costo de adquirir balastros adicionales, aparte de esto puede utilizar el mismo tipo de tubos que tienen y guardar los que les sobren para fines de mantenimiento[22].

b. Haciendo este cambio, ahorra a su cliente aproximadamente un 27% en una luminaria de 3 tubos y un 42% en una luminaria de 4 tubos. Debe de estar consciente que con

---

[22] Es recomendado que sustituya tubos fluorescentes que han estado trabajando por más de la mitad de su vida útil aproximada (2 ½ a 3 años); esto es para mejorar los lúmenes por vatios de cada luminaria.

algunos fabricantes de luminarias, va a tener que cambiar el balastro a uno de 2 tubos de 32W. Los ahorros son considerados si esta haciendo un cambio a un balastro de 2x32W electrónico.

c. Si va a realizar un cambio de 2x32W tipo "U", a 2x17W T8, sus ahorros serán de aproximadamente un 45%.

Trataremos en más detalle como exactamente se calcula el porcentaje de ahorros que su cliente tendrá realizando estos cambios en el Paso#3.

- Para luminarias tipo Ojo de Buey (Downlights) Incandescentes, puedes hacerles un retrofits a bombillas del tipo CFL[23] o con un kit de retrofit para ojos de buey, estos se enroscan a la base tipo A21 y tienen dos bombillas de 13W con base GX23 twin tube CFL. Dependiendo del bombillo incandescente

---

[23] Favor ver el Apéndice #11 Tabla comparativa de CFL vs. Incandescente.

utilizado, se podría ahorrar hasta un 74%[24], de la energía utilizada en estas luminarias.

- Para luminarias tipo Ojo de Buey halógenas, puede utilizar una bombilla LED (Diodo Emisor de Luz) del tipo MR16. Este cambio aun es bastante costoso, pero el beneficio principal de estas bombillas es que consumen muy poca energía, a comparación de los 50W de las bombillas de halógeno y su duración es de hasta 50,000 horas. Esta expectativa de vida es 25 veces más que la vida promedio de una MR16 de Halógeno estándar.

Luminarias de Salida y de Emergencia

Usted puede encontrar luminarias de salida y de emergencia incandescentes; debe de cambiarlas a su equivalente en LED. Algunos fabricantes ofrecen un retrofit para la luminaria existente o pueden cambiarlas por una

[24] Asumiendo que se utilice una bombilla de 100W incandescente a ser cambiada por un retrofit de 2x13W fluorescente.

nueva que contenga bombillas de LED. En muchos mercados internacionales, se tiende a no utilizarse tanto como en los EEUU, pero es altamente recomendado y algunos códigos de seguridad en edificios lo tienen como un estándar.

Puede encontrar ejemplos y fotos de este tipo de luminarias en sus versiones LED en el Apéndice#13 de este libro.

Paso #3 Elaborar LA PROPUESTA

En este punto del proceso tiene suficiente información de la facilidad o edificio de su prospecto para elaborar su propuesta. Recuerde que aunque esté haciendo su propuesta para su jefe o un cliente, ésta debe verse profesional. Lo anterior es para que sea notada y sepan que hizo su tarea para el proyecto que se va a desarrollar. Muchas empresas tienen premiaciones y bonos que dan a los empleados y compañías que ofrecen soluciones de ahorro de energía que desconocían y que se pueden implementar en sus facilidades. Esto es una oportunidad para brillar ser reconocido como un empleado o suplidor de soluciones innovadoras. También su jefe va a ser reconocido o su cliente estará satisfecho porque será promocionado en su empresa por traer soluciones que ayudan a mejorar la misma.

Deberá escribir su propuesta con creatividad, para que sea destacada. Enfocándose en la solución, la cantidad de dinero que está perdiendo mensualmente y anualmente

por no implementar la misma y lo rápido que es el retorno

simple de la inversión (RSI). La propuesta debe ser

estructurada en el siguiente orden:

1. Primero debe describir el problema. Esta descripción

   debe ser definida claramente por el área auditada en

   el edificio. Usted tiene que enfocarse principalmente

   en el alto consumo de las luminarias que poseen y

   los detrimentos de tenerlas.

2. Segundo, presenta una solución detallada. Describa

   todos los beneficios que su solución brindará a su

   prospecto, incluyendo la cantidad de dinero que

   dejaran de perder anualmente por la

   implementación de la solución propuesta y el rápido

   retorno de la inversión.

3. Tercero, introduzca su lista de materiales o

   cotización con un precio total por el paquete

   completo. Este debe incluir el precio de la instalación

   (si aplica) y los impuestos. Si su cliente o prospecto

este pagando por la auditoria, no debe ser muy
específico con los detalles y descripciones de las
marcas y productos a ser utilizados. Debe dar
descripciones generales, porque no desea que su
prospecto comience a buscar presupuestos a partir
de la información entregada por usted. En cambio, si
su prospecto o cliente paga por la auditoria o
reporte propuesto, está obligado a entregarles todos
los detalles de los productos que van a ser utilizados
en el proyecto. Una opción de cómo manejar esto es
ofrecerle a su cliente el pago por la propuesta y si lo
escoge como suplidor de la solución, usted le
acredita el costo de la auditoria. Esto es una manera
de hacerlo más atractivo y que se convierta en una
opción ganar, ganar, para ambos.

4. Cuarto, concluya con un resumen que ayude a
cerrar el negocio. Recuerde que le está vendiendo
DINERO a su cliente. Es decir, está monetizando su
propuesta, para que el prospecto sepa cuánto dinero

está perdiendo por no realizar los cambios recomendados. Presente su propuesta haciendo énfasis en el beneficio principal de la misma, "la cantidad de dinero que su prospecto dejará de perder anualmente con el uso de tu solución".

Hemos agregado una PROPUESTA de ejemplo en el apéndice[25] para que pueda tener una visión más clara de cómo debe verse su propuesta. Puede utilizarla para ir desarrollando su propia propuesta profesional, para ser entregada a su cliente o prospecto. Las únicas cosas que debe cambiar son las informaciones en el ejemplo y escribir la información que obtuvo de su auditoria. En mi caso ya la he utilizado con mis clientes y he sido bastante exitoso en la venta de este tipo de proyectos.

---

[25] Ver apéndice #12

¿Cómo calcular el ahorro de dinero que brindara tu propuesta?

Luego de que tiene contabilizada las luminarias de la edificación, debe proceder a detallar los consumos de cada una de ellas. Va a separar los consumos por tipo de luminaria, luego va a restarle el consumo de la luminaria luego de que le haga el retrofit y este será su ahorro. Por ejemplo, ya sabemos que una luminaria de 2x4 de plafón de 4 tubos de 40W T12 tiene un consumo de 192W; Cuando le resta los 60W que consumirá la luminaria con el retrofit a 2 tubos fluorescentes de 32W T8, con su balastro electrónico, tendremos un ahorro de 132W por cada luminaria. Suponiendo que tengamos 200 luminarias en el edificio en cuestión, estaríamos hablando de un ahorro de 26.4kW. Si las áreas del edificio poseen climatización (aire acondicionado), existe una regla de pulgar que nos dice que por cada 3kW que nos ahorramos en iluminación, obtenemos un ahorro de 1kW en el aire acondicionado[26].

---

[26] Leer "Estimating Reduced Cooling Loads from Lighting Retrofits in Tropical Climates" Del EPA.

Entonces en nuestro caso, dividimos los 26.4kW entre 3 y obtendremos un ahorro adicional de 8.8kW, para un total de 35.2kW. Si nuestro edificio labora de 8:00AM a 6:00PM, asumimos un uso de la iluminación interior de 10 horas al día. Un mes laboral posee aproximadamente 28 días calendario. Siendo conservadores, podremos multiplicar nuestro ahorro por las horas de uso diario y los 28 días calendario de uso laboral y esto nos arrojará un ahorro total aproximado de energía de unos 9,856kWh al mes, que si lo multiplicamos por 12 meses, serian 118,272kWh en un año. Este total lo puede multiplicar por el costo al que le cobran el kWh a su prospecto y el resultado será el valor monetario de ahorro durante un año. En el caso de que la utilidad o distribuidora de electricidad le cobre un cargo mensual por demanda máxima, pueden asumir que esa demanda máxima, les será reducida en la misma proporción del ahorro en potencia, o sea los 35.2kW calculados anteriormente. Yo le recomiendo que le indiquen a su prospecto, que luego de que haga el retrofit en su edificación, le soliciten a su distribuidora de electricidad que le pongan en cero su contador y si esto es posible, estarán aprovechando este ahorro en demanda máxima inmediatamente terminen la mejora realizada. Esto le brindará un ahorro adicional en su factura eléctrica, ya que en la mayoría de los casos, las utilidades o distribuidoras de electricidad, facturan el costo más alto de demanda máxima por un año completo.

Vamos a asumir que en nuestro caso hipotético a nuestro prospecto le estén cobrando US$0.20/kWh y US$7.00 por la demanda máxima al mes. Sabiendo esto, podemos decir que su ahorro mensual sería de unos US$1,977.20 y de demanda máxima seria de US$246.20. En el primer año, tendrían un ahorro de US$26,683.20. Para obtener el retorno de inversión simple dividimos el costo de la inversión, entre el ahorro anual y el resultado nos brindara la cantidad de tiempo en que se repagara la inversión. Luego de este repago este ahorro permanecerá el tiempo que dure la solución instalada. Debemos anotar que los balastros electrónicos tienen una vida útil en promedio de 20 años y que los tubos fluorescentes del tipo T8, tienen una vida útil de aproximadamente 5 años. Lo que hace que nuestra inversión produzca beneficios económicos por varios años luego del repago de la solución adquirida.

Los cálculos expresados en este ejemplo representan lo que sería un cálculo de simple retorno de la inversión. Esto significa que su prospecto obtendrá ahorros adicionales en el mantenimiento de su facilidad o edificio, debido a que posee tecnologías de iluminación de mayor calidad y de mayor duración. Esto también se le debe informar a su prospecto, ya que es parte de los beneficios que le ayudarán a convencerlo que se realice el cambio o la propuesta en cuestión.

Paso #4 Presentando LA PROPUESTA

Una vez que haya terminado de escribir la propuesta y se cerciorara que se vea lo mas profesional posible, el próximo paso es hacer una presentación a los principales de sus prospectos, es decir a los que tomaran la decisión en la empresa a la cual propone los cambios. Esto es esencial para cerrar el negocio, ya que puede pedir la orden inmediatamente termine de presentar su solución y luego que conteste cualquier pregunta o duda que tengan acerca de la propuesta. Si las preguntas no surgen durante la presentación, no se preocupe, es muy probable que surjan una vez solicite la orden de compras por la solución que está proponiendo. Vuelvo y repito es extremadamente importante que solicite la orden o pedido de su solución, inmediatamente termine su presentación. Es el mejor momento para hacerlo, ya que todo el que debe estar presente, lo está y si son las personas correctas, le darán una respuesta lo más concreta y sincera posible.

Para hacer su presentación debes de seguir los pasos siguientes:

1. *Cubierta o Primera Diapositiva.* En esta coloca el titulo del proyecto, por ejemplo: "Solución de Ahorro de Energía para la Corp. XYZ". Trate de utilizar el logo de ellos encima del suyo y un poco más grande que el suyo. Esto es para resaltar la importancia que le da a su cliente, como debe ser.

2. *Agenda o Segunda Diapositiva.* Aquí realizará un listado de los temas a ser tratados y explicados sobre el proyecto en cuestión. Este listado debe incluir, pero no está limitado a: ¿Quién es usted?; Descripción del Problema; Tecnologías a ser utilizadas; La solución; Repaso de la propuesta y simple RDI; Sección de Preguntas.

3. ¿Quién es usted? Esto debe ser una breve descripción de su empresa y su propósito es decir lo que hace. Si está presentando esta solución a su empleador, podría omitir esta diapositiva. La

descripción podría incluir su Misión y Visión, años que tiene su negocio y los beneficios que brindará a su prospecto, que describen mejor a su empresa y lo que hace. Si es una empresa nueva, describa bien sus razones de entrar en este mercado y que le distinguen de su competencia.

4. *El Problema.* En esta diapositiva debe describir el o los problemas encontrados durante la auditoria de la iluminación de su facilidad o edificio. Describa en detalle, cada uno de los problemas en las luminarias, enfocándose en explicarles los detrimentos de las mismas, su consumo total en vatios y el costo de energía aproximado por mes de la iluminación utilizada.

5. *Tecnologías a ser utilizadas.* Esta seria la descripción de todas las tecnologías que van a ser utilizadas para resolver el o los problemas de iluminación que posee el edificio.

6. *La Solución.* Aquí debe describir la solución que propone, junto con los beneficios técnicos y económicos vs la iluminación existente en su edificación.

7. *Repaso de la propuesta.* Aquí va a repasar y explicar punto por punto la carta que presenta su propuesta y va a resaltar el rápido retorno de la inversión a su cliente. El objetivo es impactar con la cantidad de dinero que estarían perdiendo si no implementan la solución que usted está proponiendo.

8. *¿Preguntas?* Esta es su última Diapositiva. Aquí su prospecto va a tener la oportunidad de hacer todas las preguntas que se le ocurran sobre su presentación y el proyecto. Pueden tener preguntas técnicas y/o económicas, así que debe estar preparado. Si por alguna razón no puede responder alguna pregunta, no se preocupe. Puede decirle que la consultará con su departamento técnico y que les enviará la respuesta lo antes posible. No deje de

enviarles la respuesta, ya que esto quitará cualquier otra objeción del camino. Si no tienen más preguntas, este es el mejor momento de pedirles la orden. Y le recomiendo que le haga la siguiente pregunta a su auditorio: ¿Hay alguna pregunta sobre el proyecto que desean que les responda? Si la respuesta es no o se quedan callados, inmediatamente siga con la siguiente pregunta: ¿Cuándo esperan enviarnos la orden de compras para iniciar este proyecto? Esta pregunta se la debe dirigir a la persona que esta encargada de tomar la decisión. Le podrían dar la respuesta inmediatamente, si le dicen que deben pensarlo, pregúnteles cuando les debe contactar para la respuesta y les recuerda la cantidad de dinero que están perdiendo actualmente por no tomar la decisión. Lo importante es darles seguimiento a los mismos.

En el apéndice tenemos un ejemplo de una presentación que puede utilizar como plantilla para la presentación que realizará para su prospecto.

Resalta los Beneficios

En el proceso de elaborar su presentación no se olvide resaltar todos los beneficios del retrofit a ser realizado para su cliente o jefe. Dele una importancia especial al dinero que está perdiendo anualmente. Para ayudarse con los demás beneficios que se poseen al realizar un retrofit para iluminación en su empresa o para su prospecto, aquí esta una lista de ellos:

1. Mejora en la iluminación del edificio.

2. Mejora en la productividad de las personas que trabajan en el edificio, debido a que pueden ver mejor.

3. Ayuda al medio ambiente, ya que reduce la cantidad de energía que consume, lo que se traduce en menos cantidad de CO_2 emitido por el edificio. Ver

el tema de "Los Retrofits de iluminación, una solución verde" donde damos un ejemplo de cómo calcular la cantidad de CO_2, que el edificio dejará de emitir.

4. Retorno de Inversión Corto. Dependiendo de cuál sea su costo de energía (kWh), puede ser 6 meses, 1 año o 2 años.

5. Ahorros en el los costos de mantenimiento del edificio, debido a que está utilizando elementos más eficientes que tienden a fallar menos o con menos frecuencia que los que actualmente poseen.

6. Reducción de la demanda de energía. Es un elemento que se le cobra a algunos edificios dependiendo del tipo de facturación que tenga el mismo. Esta demanda de energía será reducida y es conveniente que se le pida a la empresa distribuidora de energía que le reajuste el contador inmediatamente culmine el proyecto de ahorro, para captar los beneficios de inmediato. Si no se realiza

este proceso, es probable que estos beneficios se comiencen a ver dentro de un año, ya que la demanda máxima que se obtiene, tiene esa duración en su ciclo de facturación, en la mayoría de los países.

Casos de éxito

Luego de que su empresa tenga su primera experiencia exitosa realizando este tipo de proyectos de ahorro de energía es momento de resaltarlo. Una manera de hacerlo es agregar éste y otros casos de éxito importante a su presentación, así como realizar una especie de hoja o artículo donde se resalte esta historia de éxito. Debe avisarle a su prospecto que estará promoviendo los resultados de la solución de ahorros de energía aplicada en su empresa con otros prospectos como referencia y debe apuntar con que persona se pueden comunicar en esa empresa para comprobar esos resultados. Dígale que reseñará a su empresa y anotará cualquier comentario que se realice sobre el proyecto en si.

Explíquele que esto beneficiará a la empresa en cuestión

sus metas de medio ambiente y responsabilidad

empresarial. Lea en este libro, sobre los retrofits de

iluminación como una solución verde, para que puedas

justificar mejor este punto.

Suplidores Confiables de Productos para Realizar Retrofits de Iluminación

El listado lo vamos a dividir por productos, y voy a indicarle cuales suplidores utilizar dependiendo del mismo. Es probable que un suplidor, fabrique otros tipos de productos relacionados con el tema y por esta razón se repita su nombre en el listado.

1. Kits de Retrofits: para este producto le recomiendo a la empresa US ENERGY SCIENCES. Son los de mayor calidad que conozco. Posee las curvas fotométricas de sus kits, lo que le ayudará a realizar cálculos de iluminación para las áreas donde recomienda estos cambios y esto le indicará en dado caso que necesite menos luminarias en un área, para darle así beneficios adicionales a su cliente. Siempre y cuando el cálculo de la iluminación este bien hecho, puede hacer cambios de reducción de lámparas o delamping en su luminaria, sin que éste afecte la iluminación del área en cuestión negativamente.

Puede contactarlos en su página de internet www.usenergysciences.com.

2. Balastros Electrónicos: para este producto existen muchos fabricantes tradicionales de buena calidad. De los no tradicionales le recomiendo Lite Electronics, que es una empresa Coreana con productos de excelente calidad y con garantía de 5 años en sus balastros. Los puede contactar en su página de internet www.liteelectronics.com. Otro fabricante de muy buena calidad es Photon X, también posee garantía y puede contactarlos en la página de internet http://jadcoelectrical.com/cs_productcategories/3_1 384_1575_.html. En estos productos es obvio que los fabricantes mundialmente reconocidos poseen un producto de calidad y garantía. No obstante esto, recomiendo dos fabricantes no tradicionales, ya que quiere que su propuesta tenga el costo total más

bajo posible para su prospecto, con productos de calidad similar y garantía del fabricante.

3. Tubos Fluorescentes y bombillas CFL: también existen varios fabricantes tradicionales de muy buena calidad en estos productos. Aun así le recomiendo Maxlite, es una empresa con una variedad grande de productos, todos con precios bastante competitivos y de alta calidad. Puede conocer más de ellos en su página de internet www.maxlite.com.

4. Por último, hay fabricantes de luminarias, que suplen mejoras para luminarias como kits de retrofits completos. Este es el caso de Hubbell Lighting, puedes ver sus productos en la página de internet www.columbialighting.com/products/categories/fixture_renovation/. Es una opción un poco más costosa, pero si no es una persona que desea trabajar con

varios suplidores, esto puede ser una muy buena opción para usted.

Se podría decir que con estas recomendaciones estoy un poco inclinado a ellos, ya que he trabajado con estos suplidores en los proyectos en los cuales he participado. Pero aun así, he utilizado otras marcas que son muy buenas, pero por el momento me siento bastante cómodo con las recomendaciones que he propuesto aquí.

Pautas para realizar un cálculo de iluminación sencillo

Para realizar un cálculo de iluminación sencillo debe tener los siguientes datos del lugar. Primero las dimensiones del lugar, en largo x ancho y la altura. Recuerde que, si utiliza metros como medida necesitará calcular el nivel de iluminación en LUX y si utiliza pies, debe utilizar PIES CANDELA como medida de iluminación. Luego de que tiene los datos del área que desea calcular, debe definir los niveles de iluminación necesarios. Para fines de ejemplo vamos a asumir que el área que vamos a calcular es una oficina. Según los niveles de iluminación recomendados por la IESNA, debe calcular en base a 50FC o 500LUX, para áreas de oficina donde se va a realizar trabajos de lectura, categoría D o E, etc.[27]

Luego de tener estos datos debe conseguir un programa para hacer cálculos de iluminación. Yo utilizo el LitePRO de Hubbell Lighting

---

[27] Ver Apéndice #2

http://www.columbialighting.com/resources/software/.

Existen otros software de fabricantes de luminarias disponibles gratuitamente o a un bajo costo. Con este software, puede hacer cálculos rápidos con la información que tiene recolectada.

Este cálculo le ayudará a saber si con el retrofit, podría disminuir la cantidad de luminarias propuestas a su cliente, prospecto o empresa. Esto va a hacer que su propuesta sea aun más atractiva, ya que vas a eliminar luminarias innecesarias del consumo de su edificación.

Los Retrofits de Iluminación, una solución verde

Sembrar un árbol es muy importante. De hecho he sembrado varios durante mi vida. Y pienso que es algo que debemos incentivar en los adultos y nuestros hijos. Pero, reducir la estrategia verde de una empresa a solo sembrar árboles, considero que es un error. La iluminación represente entre 30% y un 40% del consumo total de energía en un edificio. Esto es según datos provistos por la Agencia de Protección Medioambiental de Norte América (EPA por sus siglas en ingles). Otro dato importante es que el 99% del total de edificios existentes, son los actuales. Es decir que solo el 1% de los edificios, son edificaciones nuevas, recién hechas o en construcción. Otra estadística nos dice que el 75% de los edificios han estado allí por mas de 10 años. Lo que significa que con solo actualizar o hacer pequeños cambios en la iluminación existente, podemos bajar nuestro consumo e impactar positivamente el medio ambiente.

Lo anterior lo logramos, debido a que consumimos menos energía y por consiguiente los generadores requieren de menos combustible para generar electricidad. El consumo de combustible en una planta, genera CO_2. El cual va a nuestro medioambiente y es citado por los especialistas como la causa principal del calentamiento global. Según la EIA (US Energy Information Administration), una firma independiente de estadísticas sobre energía norteamericana. Por cada kWh de energía consumido, enviamos 1.67lbs de CO_2 generado con derivados del petróleo al medio ambiente y 1.12lbs CO_2 generado con GAS Natural. Dependiendo la matriz principal de combustible que utilice cada país, estamos reduciendo una cantidad considerable de CO_2, por cada proyecto de ahorro de energía en iluminación implementado.

Si tomamos los 118,272kWh que nos ahorraríamos en el ejemplo citado en la página 45 de este libro. Estaríamos eliminando unas 197,514.24lbs de CO_2 generado por derivados del petróleo y unas 132,464.64lbs de CO_2 generado por Gas Natural. Llevándolo a términos que podamos entender, un árbol adulto limpia unas 48lbs de CO_2 al año. Lo que quiere decir que nuestro ahorro anual equivale a sembrar unos 4,115 árboles al año, durante la vida de nuestro proyecto. Otro ejemplo puede ser el siguiente: un vehículo promedio de pasajeros produce 11,464.08lbs de CO_2 al año. Sabiendo esto nuestro ahorro, se traduciría en liberar del parque vehicular un promedio de aproximadamente 21 vehículos anuales, durante la vida de nuestro proyecto de ahorro. Esta se establece por la duración de los componentes utilizados en el proyecto, que puede estar entre 8 y 12 años en promedio (siendo conservadores, ya que hay componentes que de nuestro proyecto que tienen una vida promedio de 20 años).

Con lo anterior demostramos que el impacto positivo en el medio ambiente de un proyecto de ahorro de energía en un edificio, es considerable. Ya habiendo establecido que el 75% de los edificios establecidos tienen más de 10 años, hay una oportunidad enorme de impactar

positivamente nuestro medio ambiente y nuestro planeta.

Que hasta lo que tenemos de información, sigue siendo

uno y muy vulnerable a los efectos de nuestra vida como

seres humanos en el.

APENDICE

Apéndice #1 Preguntas típicas a la gerencia

Las preguntas que le recomendamos hacer al gerente o encargado del edificio son las siguientes:

1. ¿Cuál es el horario en que labora el edificio?

2. ¿Qué piensa que es el elemento de mayor consumo en su edificio?

3. ¿Hay algún tipo de controlador horario para encendido y apagado automático de las luces del edificio?

4. ¿Cuánto le están cobrando actualmente por energía o cuál es el costo del kWh del edificio?

5. ¿Cuánto le cobran por la demanda máxima en su edificio?

Si no saben la respuesta a las preguntas 4 y 5, pídale a su prospecto que por favor le entregue una copia de su factura de energía eléctrica mas reciente.

6. ¿Posee un plano de la facilidad o edificio? Ya sea impreso o en formato electrónico, puede ayudar mucho a darle una mejor idea de las áreas y para cálculos de iluminación.

7. ¿Quién es la persona encargada de tomar la decisión final sobre esta propuesta? Puedes estar sentado con la persona indicada en términos de conocimiento de las áreas del edificio, pero desea involucrar a la persona que paga las facturas de electricidad en este edificio, ya que esta persona tiene el conocimiento del gasto que significa para la empresa. En caso de que se esté reuniendo con el principal de la empresa a la que visita, le puede preguntar si él tomara la decisión o si consultará con su equipo o alguna otra persona. Es bueno que ésta persona o equipo esté presente cuando presente su solución a la empresa en cuestión.

8. Pregunte si se pueden tomar fotos. En algunas empresas no es permitido o existen áreas donde no

permiten que se tomen fotos por motivo de

seguridad interna.

Apéndice #2 Tabla#1 Niveles iluminación por área.

==

TABLA 1

==

CATEGORIAS y VALORES DE ILUMINACION SEGUN IESNA - para ACTIVIDADES GENERICAS EN INTERIORES

ACTIVIDAD	CATEGORIA	LUX[28] (m)	PIES CANDELA
Espacio público con alrededores oscuros	A	20-30-50	2-3-5
Simple orientación para visitas de corta duración	B	50-75-100	5-7.5-10
Espacio de trabajo donde el trabajo visual es realizado ocasionalmente	C	100-150-200	10-15-20
Realización de trabajo visual de alto contraste o con elementos de gran tamaño	D	200-300-500	20-30-50
Realización de trabajo visual de mediano contraste o con elementos de tamaño pequeño[29]	E	500-750-1000	50-75-100
Realización de trabajo visual de bajo contraste o con elementos de tamaño muy pequeño[30]	F	1000-1500-2000	100-150-200
Realización de trabajo	G	2000-3000-5000	200-300-500

[28] Ver Glosario

[29] Lugares donde se lee, estudia o se hace trabajo de oficina

[30] Estos niveles de iluminación también se utilizan para espacios donde se desea resaltar elementos, por ejemplo en tiendas por departamentos y supermercados.

visual de bajo contraste o con elementos de tamaño muy pequeño por un periodo prolongado de tiempo

CATEGORIAS y VALORES DE ILUMINACION SEGUN IESNA - para ACTIVIDADES GENERICAS EN INTERIORES

ACTIVIDAD	CATEGORIA	LUX[31] (m)	PIES CANDELA
Realización de trabajo visual de precisión por un periodo muy prolongado	H	5000-7500-10000	500-750-1000
Realización de trabajo visual muy especial con muy bajo contraste	I	10000-15000-20000	1000-1500-2000

A-C para iluminación de áreas grandes (ej.: un lobby)

D-F para tareas localizadas

G-I para tareas visuales extremadamente difíciles Realización de trabajo visual

---

[31] Ver Glosario

Apéndice #3 Formulario

NO.	AREA	CANT.	TIPO DE LUMINARIA	CONSUMO x LUMINARIA (W)	HORAS DE USO AL AÑO	NOTAS
1						
2						
3						
4						
5						
6						
7						
8						
9						
10						
11						
12						
13						
14						
15						
16						
17						
18						
19						
20						
21						
22						
23						
24						
25						
26						
27						
28						

Apéndice #4 Acumulador de Datos

Encontramos este acumulador de datos de Dent Instruments. El Lighting logger, es un acumulador de datos de iluminación parte de su línea de acumuladores TOU (Time of Use por sus siglas en ingles). Estos acumulan el tiempo de uso de las luminarias. Es decir cuántas horas duran encendidas realmente sus luces. Con una muestra de 1 semana de uso, podremos estimar las horas que duran mensualmente encendidas las luces de su localidad o edificio en cuestión. Esta herramienta le da más credibilidad a su reporte de RDI, ya que trabajará con datos obtenidos en sitio. Si desea más información sobre este instrumento puede visitar la página:

www.DENTinstruments.com

Apéndice #5 Luxómetro

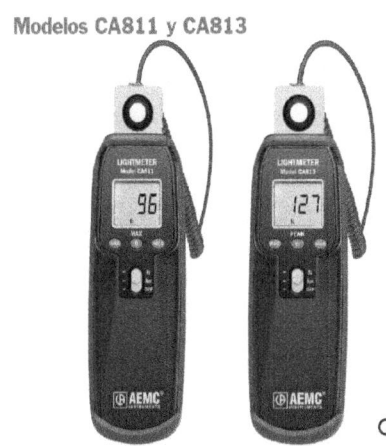

Modelos CA811 y CA813

Estos luxómetros de AEMC son bastante versátiles, de alta calidad y un precio bastante asequible. Esta herramienta es esencial para las personas que trabajan realizando auditorias de iluminación. Mide los niveles de iluminación tanto en lux como en pies candelas. Recuerde cuando trabaje en lux, todos los cálculos deben ser realizados en metro (m) y si utiliza pies candelas debe utilizar pies. Existen dos modelos el CA811 y el CA813, la diferencia principal es que el CA813 tiene mayor sensibilidad (200klux) y posee una mejor respuesta espectral a fuentes de luz comunes. Es decir actúa o da una respuesta más rápida. Esto es muy importante, ya que se recomienda tomar más de una medida en el área a auditar, tomando en cuenta donde se realiza tareas en la misma. Si desea más información sobre este instrumento

puede bajar la hoja técnica del mismo en la página:

http://www.aemc.com/products/Spanish%20PDFs/2121.21

-SP.pdf

Apéndice #6 La grabadora

Ya la mayoría de los celulares tipo "Smartphone" vienen con grabadoras incluidas, pero si desea algo mas y tiene un Ipod o Ipod touch le recomiendo adquirir un Blue Mikey for Ipod. Esto convierte el Ipod en una grabadora de alta resolución donde podrá tener la información en audio que desea para luego editarla si requiere utilizarla para recordar cosas que se le puedan olvidar durante la auditoria o en la entrevista con el cliente o prospecto. Puede comprarlo en amazon.com. Para más información sobre este producto, puede dirigirse a www.bluemic.com.

Apéndice #7 Luminarias de plafón

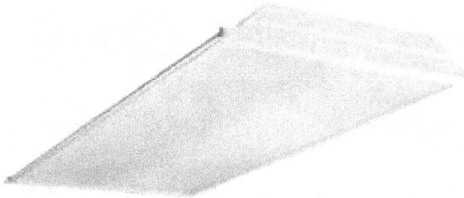

1. Acrílica[32]

Este es un modelo típico de luminaria de plafón acrílica. Puede ser de 4, 3 y 2 tubos fluorescentes. Pueden venir tanto 2'x2' como 2'x4' El modelo de la foto es el JT8 de Hubbell-Columbia.

2. Parabólica[32]

Esta luminaria es el modelo más común de las parabólicas. Estas se pueden ordenar con más o menos recuadros es decir configuraciones del difusor donde la luz salga por más o menos parábolas, según requiera el diseño. Viene también con 4, 3 y 2 tubos, siendo la más popular la de 3 tubos, porque da alta eficiencia en la

[32] Ver Glosario

mayoría de las aplicaciones. Pueden venir en formatos

2'x2' y 2'x4'. El modelo de la foto es la P4D24 de

Hubbell-Columbia.

Apéndice #8 Ojos de Buey

El "ojo de buey", como es comúnmente conocido, es una luminaria que arroja luz dirigida. Es decir normalmente se dirige hacia abajo, pero puede estar dirigida a las paredes o a un punto deseado. En la norma de IESNA, se compone de un Housing (primera foto) y un trim (segunda foto), el trim es intercambiable y dependerá del efecto deseado, así como la estética que se desea en el área en cuestión. Es comúnmente usado en tiendas de ropa, pero, también se ve mucho en salones de conferencias o reuniones de edificios de oficinas. Existen varios tipos y diámetros diferentes. Cada fabricante tiene un modelo o modelos con los que completa su línea de oferta al público.

Apéndice #9 Balastros Electrónicos

 Los balastros electrónicos son uno de los principales componentes de un retrofit. La mejora que se realiza a las luminarias T12, consiste principalmente en eliminar el balastro magnético que posee y cambiarlo por este electrónico de mayor eficiencia. El balastro electrónico funciona como una fuente de energía tipo PWM (Pulse Width Modulation). Esto lo que quiere decir es que la fuente se mantiene constantemente enviando pulsos a muy alta frecuencia para así mantener encendido los tubos fluorescentes. Por esta razón el balastro es mucho más eficiente que el magnético, siendo casi imperceptible su consumo y el caso de los de arranque instantáneo (instant start), es nulo y en la mayoría de los casos hace que los tubos consuman mucho menos que la suma total de su vatiaje. Ejemplo: el consumo típico de un balastro 2x32W T8 de arranque instantáneo con todo y los dos tubos es de

60W y en algunos fabricantes es de 59W y 58W. Es decir

que es menos que la suma de los dos tubos que sería 64W.

Esto no es magia y tiene que ver con lo que explicamos

anteriormente. Para más información ver: "Electronic

Ballasts"http://www.lrc.rpi.edu/programs/NLPIP/PDF/VIEW

/SREB2.pdf.

Apéndice #10 Kit de Retrofit

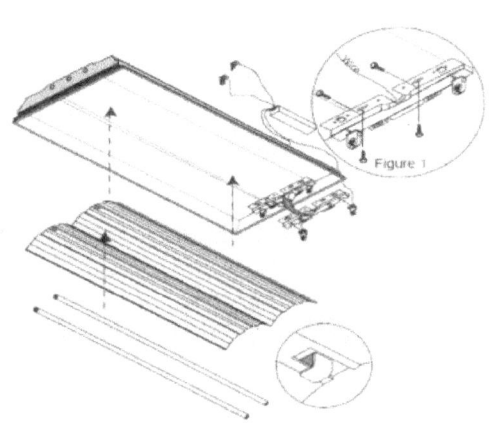

Esta es una imagen de un kit de retrofit completo, siendo instalado en una luminaria 2x4 de plafón. Un kit de retrofit completo incluye los siguientes componentes: 1.-La plancha reflectiva con sus barras de fijación, zócalos y tornillos. 2.- Un balastro electrónico, en el caso de esta luminaria seria de 2x32W T8 120-277V de arranque instantáneo. 3.- Dos tubos fluorescentes de 32W T8 (en el caso que sea 2x2, serian de 17W T8). El color de luz de los tubos que recomendamos es 4100K, pero aun así hay casos donde el cliente le solicitará que sean de 6500K. Esto se debe convenir con el prospecto cada vez que se le realice la propuesta a un prospecto.

Apéndice #11 Tabla comparativa de CFL vs. Incandescentes

Tabla: Equivalencia en watts fluorescente vs incandescente

Incandescente	Compacta fluorescente
25 W	5 W
40 W	8 W
60 W	12 W
75 W	14 W
100 W	18 W
125 W	25W
150 W	30 W

Fuente: Wikipedia, 2010

Apéndice #12 Propuesta Ejemplo

La siguiente propuesta de ejemplo será realizada a la empresa "XYZ Corporation". Seguiremos los pasos que hemos venido explicando en el libro, para la ejecución de la misma.

PASO#1 La Auditoria de Iluminación

Luego de concertar la cita para el levantamiento con la persona de toma de decisión en la empresa en cuestión, se procede a realizar el levantamiento. Este es un conteo de las luminarias por área según el formulario que se encuentra en el libro. Pero antes de empezar el recorrido, haremos el cuestionario de preguntas típicas:

1. ¿Qué tipo de facilidad están operando? La facilidad en cuestión es un edificio de oficinas.

2. ¿Cuál es el horario en que labora el edificio? El horario en nuestro caso de estudio, las luces se encienden a las 7:00AM y hacen un apagado general a las 7:00PM. Esto nos indica 12 horas aproximados

de uso diario. La empresa labora de lunes a viernes únicamente. Esto nos da un uso promedio de las luces de 22 días al mes.

3. ¿Qué piensa que es el elemento de mayor consumo en su edificio? En nuestro caso, el edificio XYZ queda en una región tropical, así que el elemento que el cliente considera de mayor consumo es el Aire Acondicionado.

4. ¿Hay algún tipo de controlador horario para encendido y apagado automático de las luces del edificio? El edificio no posee controladores horarios, ni algún tipo de control de ocupación en la actualidad.

5. ¿Cuánto le están cobrando actualmente por energía o cuál es el costo del kWh del edificio? Según la factura entregada por nuestro prospecto, le están cobrando USD$0.19 centavos de dólar por kWh.

6. ¿Cuánto le cobran por la demanda máxima en su edificio? Su demanda máxima mensual es de US$9.21 dólares al mes por kW contratado.

7. ¿Posee un plano de la facilidad o edificio? El personal del edificio no posee un plano de la facilidad en cuestión.

8. ¿Quién es la persona encargada de tomar la decisión final sobre esta propuesta? En nuestro caso pudimos contactar al gerente financiero del edificio y este nos puso en contacto con el personal de mantenimiento. Estaremos llevándole información de los resultados de nuestra propuesta e involucrando a la alta gerencia en la presentación de nuestra propuesta.

9. Pregunte si se pueden tomar fotos. El departamento de seguridad, no autorizo tomarles fotos a las condiciones de las luminarias. En nuestra inspección visual de la misma, encontramos que las luminarias se encuentran en buen estado en general, se le va a recomendar el cambio de algunos difusores acrílicos

y la limpieza del resto, para mejorar la eficiencia de cada luminaria.

Niveles de iluminación: Luego de medir varias oficinas cerradas y de cubículos, el promedio de de niveles de iluminación está entre 45FC y 50FC (450 y 500 lux). Esto lo asumimos como niveles normales, debido al deterioro de algunos difusores y la vida de los tubos fluorescentes. Esperamos una mejora en estos niveles al principio del cambio y luego de que los tubos estén en sus lúmenes medianos. La depreciación de los lúmenes en un tubo fluorescentes es bien lenta.

Notas de inspección general del área: Durante nuestro levantamiento el edificio XYZ Corp., encontramos varios tipos de luminarias, en los que se encuentran: Ojos de Buey con bombillas fluorescentes de 13W, Luminarias de plafón de 2x2 con tubos tipos U de 32W T8, también de 3x17W, luminarias de plafón de 2x4 de 3 tubos de 32W, luminarias industriales de 200W CFL, y una luminaria industrial de 2x59W tipo lisa. En nuestro levantamiento vamos a considerar los bombillos de 18W y 13W que hay en varias áreas de las instalaciones. Hay dos tipos de luminarias que se encuentran en las instalaciones de XYZ Corp, las cuales no vamos a considerar en nuestro proyecto de ahorro de energía, por considerar que su cambio no impactaría grandemente en el ahorro total de la propuesta. Estas luminarias son: del tipo wraparound (de difusor acrílico envolvente) para montura superficial de 2x32W T8 y luminarias de montura superficial de 3 tubos de 28W T5.

El color de la luz en el edificio XYZ Corp., es de 4100°K o lo que se considera Cool White. Este es el color de luz apropiado para un edificio de oficinas, como el que estamos analizando.

Los detalles de las cantidades de las luminarias descritas, están disponible en nuestra página web: www.howtolightingretrofit.com, en la sección de apéndice y extras.

Paso#2 Escogiendo la mejor tecnología para el retrofit.

A partir de la auditoría realizada en el edificio XYZ Corp. hemos tomado nota de las tecnologías que existen en ese edificio. Viendo esto y con las sugerencias que realiza la guía para este paso, podemos indicar los siguientes cambios para el proyecto de ahorro de energía propuesto:

1. Para las luminarias de plafón de 2x2 con tubos tipos U de 32W T8, proponemos el kit de retrofit 2x17W T8 con plancha reflectiva, con el que tendríamos un ahorro de 28W por luminaria, utilizando el mismo balastro electrónico.

2. Para las luminarias de plafón de 2x2 de 3x17W, proponemos el mismo kit 2x17W, para un ahorro de 18W por luminaria.

3. Para las bombillas de 13W y 18W fluorescentes, proponemos sustituirlas por bombillos de 11W, lo que no afectará tanto la cantidad de luz que arrojan

y nos brindará ahorros adicionales de 2W y 7W por bombilla respectivamente.

4. Para las luminarias de plafón de 2x4 de 3 tubos de 32W, proponemos el kit de retrofit 2x32W con plancha reflectiva. Lo que nos arroja un ahorro adicional de 35W por luminaria.

5. A la luminaria industrial de 2x59W T8, le haremos un retrofit para 2x32W T8 en línea con plancha reflectiva de 96", para un ahorro de 50W.

6. Para las luminarias industriales de 200W CFL, sugerimos cambiarles los bombillos a 150W CFL. Esto no va a alterar la percepción de la iluminación arrojada por la luminaria, pero les ahorrar 50W por cada una de las luminarias que se encuentran en el edificio.

En nuestro caso las luminarias de salida y emergencia en el edificio, habían sido sustituidas recientemente por el tipo LED.

Para nuestro caso de estudio, solo vamos a considerar los cambios propuestos hasta este punto, por considerar que son los que brindan mayor ahorro de energía y un mejor retorno de la inversión del edificio XYZ Corp.

Paso#3 Elaborar *LA PROPUESTA*

En esta etapa, solo estas a un paso de presentar tu propuesta. La información adicional que requieres es de precios de un suplidor confiable (como los sugeridos en esta guía) de los productos propuestos y de una empresa de contratistas eléctricos con experiencia en este tipo de proyectos.

La propuesta debe ser elaborada según los pasos descritos en esta guía. Para su beneficio hemos publicada una propuesta, según nuestro ejemplo del edificio XYZ Corp. en nuestra página web www.howtolightingretrofit.com, en la sección de Apéndice y EXTRAS.

Allí encontrará una propuesta tipo carta con la descripción completa del proyecto de ahorro de energía, su retorno simple de la inversión y una cotización general de los materiales y servicios a realizar para esta propuesta.

Paso#4 Presentando LA PROPUESTA

Este es el último paso de la elaboración de tu propuesta. Debes de dedicarte para que esta presentación llamé positivamente la atención de tu prospecto y que se decida a realizar tu propuesta en el tiempo más corto posible.

Hemos colocado un ejemplo de la presentación concerniente a nuestro ejemplo del edificio XYZ Corp. en nuestra pagina web www.howtolightingretrofit.com, en la sección de Apéndice y EXTRAS.

Guíate de este ejemplo para realizar tu propia presentación, repásala por lo menos tres veces antes de presentarla en público, pide opiniones sinceras de personas en quien confíes y haz la cita para presentársela a los principales de la empresa prospecto a la cual le hiciste el acercamiento.

El proceso de elaborar una propuesta completa debe durar de 1 a 2 semanas, luego de que hiciste el levantamiento o auditoria del edificio en cuestión. Durante

este tiempo puedes mantenerte en contacto con tu

prospecto, para cualquier duda que tengas y que no hayas

tomado en cuenta durante tu visita.

Apéndice #13 Luminarias de Salida y Emergencia

Las luminarias de salida que recomendamos son del tipo LED y por lo menos de una duración de unos 90 minutos en caso de una falla en el sistema de energía eléctrica. Estas luminarias son de muy bajo consumo y de larga duración en promedio 10 años.

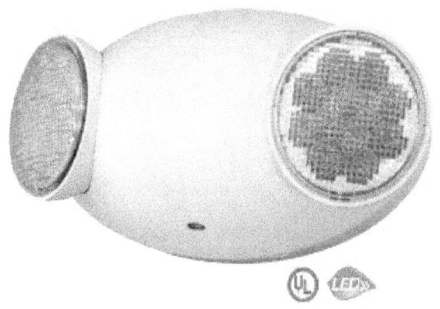

Las luminarias de emergencia LED deben ser de larga duración, bajo consumo y mínimo de dos focos. La duración recomendada en modo de batería debe ser también como mínimo de 90 minutos.

Apéndice #14 Tubos Fluorescentes

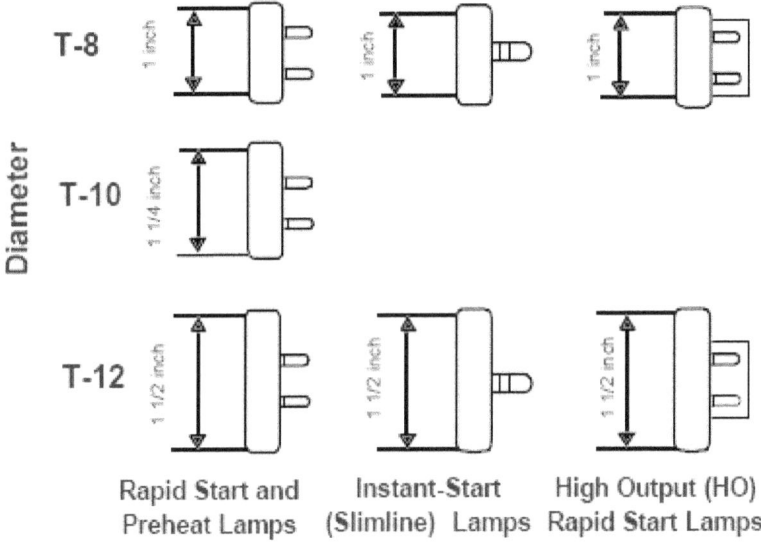

Los tubos fluorescentes que recomiendo son del tipo T8 de 32W (28W donde pueda aplicar, dependiendo de los niveles de iluminación deseados), en sustitución del tubo T12 que está obsoleto y prohibido en algunos países del planeta. Si se fijan en la grafica, el numero después de la T tiene que ver con el diámetro del tubo en función de octavos de pulgada. Es decir T12, significa que tiene 12/8 de pulgada y T8 que tiene 8/8 de pulgada o una pulgada de diámetro. Mientras más fino en diámetro, más eficiente y posee menos elementos tóxicos al medio ambiente. El

cambio de tubos T12 a T8, con la adición de una plancha

reflectiva, es el cambio de ahorro de energía más eficiente,

en términos de ahorro de energía y rapidez en el retorno

de la inversión actualmente.

Glosario[33]

Acrílica: *termino genérico para una familia de plásticos estabilizados para la luz de alto rendimiento en los difusores y lentes de luminarias.*

Ambiente: *el espacio alrededor de un dispositivo como una luminaria o balastro. Usualmente se refiere a la temperatura o condiciones de sonido.*

Balastro: *Es un dispositivo que provee las condiciones necesarias para el encendido y la operación de lámparas de descarga eléctrica (fluorescentes o de alta intensidad de descarga (HID por sus siglas en ingles)).*

Rayo de Lúmenes: *los lúmenes contenidos en el rayo propagado por una luminaria tipo reflector (floodlight).*

Rayo Propagado: *La propagación angular de la salida de luz, con el borde del rayo definido, donde la intensidad del rayo es igual a un porcentaje citado de la máxima*

---

[33] No está en orden alfabético.

intensidad del rayo. Ese porcentaje es típicamente un 10% para luminarias tipo reflector y un 50% para luces fotográficas.

Brillo: Comúnmente aplicado, el brillo (luminiscencia), es la intensidad de luz que en una superficie se dirige hacia los ojos.

Candela/Potencia Candela: Las fuentes de luz podrían no proyectar la misma cantidad de luz en todas las direcciones. La característica direccional de una fuente de luz es descrita por la potencia candela en direcciones específicas. Esta fuerza direccional de luz o intensidad luminosa es medida en candelas.

Asignación de Color (Color Rendering): Expresiones generales para el efecto de una fuente de luz en la apariencia de objetos cuando son comparados frente a una fuente de luz de referencia.

Índice de Asignación de Color (Color Rendering Index (CRI)): Es la medida de cambio de color que le ocurre a un objeto cuando es iluminado con una fuente de luz, comparado con una de referencia al mismo color temperatura. Este es medido en un índice de 0-100, siendo la luz natural y un bombillo incandescente 100. Objetos y personas vistas debajo de lámparas con un índice de asignación de color (CRI) alto, generalmente aparentan mas cercanos a la realidad.

Color Temperatura (de una fuente de luz): *La temperatura absoluta (°K) de un objetonegro irradiador teniendo una cromaticidad igual a la de la fuente de luz.*

Cromaticidad (del color): *Es la onda dominante o complementaria en aspectos de pureza del color tomado en consideración, o los aspectos especificados por la cromaticidad coordinados del color tomado en consideración.*

Eficacia: *Es el ratio de luz de los lúmenes de una lámpara en relación con la potencia eléctrica (w) consumida.*

Usualmente expresado en lúmenes por watt. La eficacia incluye las perdidas del balastro.

Lámpara Fluorescente: *Es una lámpara que su descarga eléctrica de energía ultravioleta excita una cobertura fluorescente (fósforo) y transforma parte de esa energía en luz visible.*

Flux (Flujo Luminoso): *ver lumen.*

Pie candela (fc): *Es la unidad utilizada para medir la cantidad total de luz que llega a una superficie, como una pared o una mesa. Un lumen cayendo sobre un pie cuadrado de superficie produce un pie candela. Un pie candela es igual a 10.76 lux. (Ver Lux)*

Resplandor: *Es la sensación producida por la luminiscencia dentro del campo visual que es significativamente mayor que la luminiscencia a la que los ojos están adaptados.*

HID (Alta Intensidad de Descarga): *La iluminación de alta intensidad de descarga (HID), incluye fuentes de luz como el vapor de mercurio, haluros metálicos y la alta presión de sodio. No obstante las lámparas de baja presión de sodio no son de alta intensidad de descarga (HID), usualmente son incluidas en la categoría de HID.*

Iluminancia: *1.- La densidad de flujo luminoso en un superficie. Medido en pies candela o lux (sistema métrico). El término utilizado anteriormente para esta cantidad era iluminación. 2.- Es la medida de la cantidad de flujo luminoso que llega a una superficie. La iluminancia es afectada por la intensidad de la luminaria en la dirección de la superficie iluminada, la distancia entre la luminaria y la superficie, y el ángulo de incidencia de la luz que le llega. Aunque la iluminancia no es detectada por el ojo humano, es el criterio más usado para especificar diseños de iluminación. Unidad: Lux o pies candela (fc); Símbolo: E.*

Arranque instantáneo (Instant Start): *Una lámpara fluorescente diseñada para encender con un alto voltaje* sin precalentar los electrodos. También llamado un arranque en frío en algunos países.

Kilovatio (kW): *Una medida de potencia eléctrica. Un mil vatios. (vatios x 1000 = kilovatios).*

Kilovatio Hora (kWh): *La medida de uso de energía eléctrica con la que se determina la factura eléctrica.*

Lámpara: *El nombre técnico para una bombilla o tubo.*

Luz: *El termino generalmente empleado a la energía visible de una fuente. La luz es usualmente medida en lúmenes o candela potencia. Cuando la luz impacta una superficie, se absorbe o se refleja o se transmite. No es visible hasta que se refleja en tus ojos.*

Distribución de Iluminación: *Las luminarias son clasificadas por la manera en que distribuyen el flujo luminoso.*

Lumen: *Es la unidad básica de medida de la luz. Una vela de mesa arroja aproximadamente 12 lúmenes. Una bombilla de 60 watts, Soft White es mucho más poderosa:*

arroja 855 lúmenes. Si una fuente puntual uniforme de 1

candela esta en el centro de una esfera de un pie de radio,

que tiene una apertura de un área de un pie cuadrado en

su superficie, la cantidad de luz que pasa a través de ella

es un lumen.

Lúmenes por Vatio (lpw): *Una medida de la eficacia de*
una fuente de luz en términos de la luz producida versus la
potencia consumida. Por ejemplo: una lámpara de 100
vatios produciendo 1750 lúmenes da 17.5 lúmenes por
vatio.

Luminaria: *Una unidad de iluminación completa*
consistiendo de una lámpara (o lámparas), o balastros
donde aplique conjuntamente con otras partes diseñadas
para distribuir la luz, posicionar y proteger las lámparas y
conectarlas a una fuente de poder.

Eficiencia de una Luminaria: *Es el ratio de lúmenes*
emitidos por la luminaria en relación a los producidos
inicialmente por las lámparas contenidas en su interior.

Luminosidad: *La intensidad luminosa de cualquier superficie en una dirección dada por unidad de área de esas superficie, como es vista desde esa dirección. Se mide en candela/m². Todos los objetos visibles tienen luminosidad. Unidad: candela por unidad de área; Símbolo: L.*

Flujo luminoso: *(en lúmenes), es la medida total de la potencia producida en luz de una fuente de luminosa. Es la cantidad de luz que sale de una fuente luminosa, sin relación con la dirección. Unidad: Lumen (lm); Símbolo: ϕ*

Intensidad Luminosa: *(en candelas) es la fuerza (intensidad) de la luz producida en una dirección específica. Esta se compone gráficamente en diagramas conocidos como curvas de distribución de potencia candela. Unidad: Candela (cd); Símbolo: 1.*

Lux: *Es la unidad en el sistema métrico, de iluminación. Es la luz en una superficie de un metro cuadrado, donde existe una distribución de flujo luminoso de un lumen.*

10.76 lux es igual a un pie candela. Un lux es igual a 0.09 pie candela. Decalux = 10 lux.

Parabólica: *Es el termino aplicado a ciertas luminarias y reflectores cuya forma es derivada de la forma geométrica (curva) llamada parábola donde, si la fuente de luz es colocada en el punto focal de la parábola, la luz resultante emitida será redirigida paralela al eje geométrico de la parábola.*

Arranque Rápido (Rapid Start): *Un circuito diseñado para encender lámparas fluorescentes, continuamente calentando o precalentando los electrodos. Este circuito es una versión moderna del arranque de gatillo (trigger start) y requiere que las lámparas sean diseñadas para ese circuito. En el circuito de arranque rápido así como en el precalentado, cada electrodo de una lámpara, posee dos contactos separados.*

Recesada: *El término utilizado para una luminaria que se instala en la apertura de un techo, así que la carcasa de la luminaria no está visible.*

Reflectancia: *Es el ratio de flujo luminoso (lúmenes) reflejado en una superficie en relación a el flujo luminoso (lúmenes) que incide en una superficie. Los tipos de reflectancia en una superficie van desde especular (tipo espejo) a difusa (sin brillo), con muchos objetos exhibiendo combinaciones de estas. La reflectancia de áreas es importante cuando se hacen cálculos de iluminación utilizando el método del lumen.*

Reflector: *Es un dispositivo utilizado para dirigir la luz desde una fuente mediante el proceso de reflexión.*

Refracción: *Es el proceso mediante la dirección de un rayo de luz cambia cuando pasa oblicuamente de un transmisor de luz hacia otro.*

Refractor: *Es un dispositivo utilizada para redirigir la luz de una fuente mediante la refracción.*

Luminaria de montura superficial: Cualquier luminaria instalada directamente en un techo o pared.

Luminarias de montura colgada o suspendida: *Toda luminaria colgada con soportes (cadenas, ganchos, etc.).*

Voltaje: *El potencial eléctrico entre dos puntos. Es análogo a la presión en sistemas hidráulicos (libras por pulgadas cuadradas). El voltaje de un sistema es la "presión" eléctrica disponible para empujar la corriente a través de un circuito.*

Vatio (W): *es la unidad de medida eléctrica de potencia real. Ver "Kilovatio" y "Kilovatio Hora".*

Plano de trabajo: *Es el plano en donde se hace usualmente un trabajo, y donde la iluminación es especificada y medida. A menos que se especifique lo contrario, el plano de trabajo se asume horizontal y a 2.5 pies por encima del piso.*

Lecturas Recomendadas

1. "Foot-candles and Lux for Architectural Lighting"
   http://www.mts.net/~william5/library/illum.htm#2.
   %29

2. "Energy Star Building Upgrade Manual" United
   States Environmental Protection Agency.

3. "Utilice Lámparas Fluorescentes y Ahorre en su
   Factura Eléctrica." M.A. Ing. José Luis Ola,
   jhola@url.edu.gt

4. http://wiki.answers.com/Q/How_much_carbon_dioxi
   de_is_produced_by_cars_each_year

5. How much carbon dioxide (CO_2) is produced per
   kilowatt-hour when generating electricity with fossil
   fuels?
   http://www.eia.gov/tools/faqs/faq.cfm?id=74&t=11

6. How many pounds of CO_2 does a tree take up every
   year?

http://wiki.answers.com/Q/How_many_pounds_of_C
O2_does_a_tree_take_up_every_year

7. "Metodología para el diseño de ahorro de energía para edificios de clientes regulados del sistema eléctrico: Estudio de caso campus II de la Universidad Apec"; José Alfredo Méndez Rodríguez, Leidy Ceverina Mosquea Campos, 2006.

8. Lighting & HVAC Interactions, http://www.lightsearch.com/resources/lightguides/hvac.html

9. Estimating Reduced Lighting Loads from Lighting Retrofits in Tropical Climates. "Calculating Lighting and HVAC Interactions," R.A. Rundquist et al, AHRAE Journal, November 1993.

10. "How to Become a Rainmaker: The Rules for Getting and Keeping Customers and Clients" Jeffrey J. Fox

11. Specifiers Reports "Specular Reflectors", National Lighting Product Information Program, Volumen 1, Numero 3 (Julio 1992).

12. Jennifer Thorne and Steve Nadel. "Commercial Lighting Retrofits: A briefing Report for Program Implementers", Report Number A032 (Abril 2003).

13. Energy Design Resources Volumen 1 y 2, http://www.energydesignresources.com/

14. Kesselring, J. "Lighting Retrofit Manual". EPRI. Abril, 1998

15. "IESNA ED-100-00-Lighting Education Fundamentals Revised", publicación hecha para el Illuminating Engineering Society of North America.

16. "Influence: The Psychology of Persuasion" by Robert B. Cialdini.

Páginas WEB útiles

1. www.howtolightingretrofit.com

2. www.escodr.com

3. www.usenergysciences.com

4. www.iesna.org

5. www.aeecenter.org

6. www.energydesignresources.com

7. www.anesdur.com/Anodiz

8. www.lightsearch.com/resources/index

9. www.jademar.com

10. www.hubbelllighting.com

11. www.liteelectronics.com

12. www.maxlite.com